정보보호 머신러닝을 위한 PBL

정보보호 머신러닝을 위한 PBL

김지연 지음

머리말

프로젝트기반 학습(Project-Based Learning) 또는 문제기반 학습 (Problem-Based Learning)은 학습자의 자기주도적 학습활동을 돕는다. 이 책은 머신러닝을 처음 접하는 정보보호 전공생들을 위한 PBL 교재로서 침입탐지시스템을 머신러닝 및 딥러닝 기반으로 학습할 수 있는 실전 프로젝트를 제공한다.

CONTENTS

1) KDD Cup 99(KDD) 데이터 셋이란?

- 미국 방위고등연구계획국 (Defense Advanced Research Projects Agency, DARPA)과 MIT Lincoln Labs 주도로 생성된 대표적인 침입 데이터 셋임

2) 다운로드 링크

- http://kdd.ics.uci.edu/databases/kddcup99/kddcup99.html
  - 본 교재에서는 kddcup.data_10_percent.gz를 다운받아 사용함

3) 주입된 공격 유형

- DoS, U2R, R2L, Probing에 속하는 공격 주입

분류	공격 유형
Denial of Service (DoS)	Neptune, smurf, pod, teardrop, land, back, apache2, udpstorm, processtable, mail-bomb
User to Root (U2R)	buffer-overflow, load-module, perl, rootkit, xterm, ps, sqlattack
Remote to Local (R2L)	guess-password, ftp-write, imap, phf, multihop, spy, warezclient
Probing	port-sweep, ip-sweep, nmap, satan, saint, mscan

4) 41개 특징(features)

Num	Name	Type
1	duration	integer
2	protocol_type	nominal
3	service	nominal
4	flag	nominal
5	src_bytes	integer
6	dst_bytes	integer
7	land	binary
8	wrong_fragment	integer
9	urgent	integer
10	hot	integer
11	num_failed_logins	integer
12	logged_in	binary
13	num_compromised	integer
14	root_shell	binary
15	su_attempted	binary
16	num_root	integer
17	num_file_creations	integer
18	num_shells	integer
19	num_access_files	integer
20	num_outbound_cmds	integer

Num	Name	Type
21	is_hot_login	binary
22	is_guest_login	binary
23	count	integer
24	srv_count	integer
25	serror_rate	real
26	srv_serror_rate	real
27	rerror_rate	real
28	srv_error_rate	real
29	same_srv_rate	real

30	diff_srv_rate	real
31	srv_diff_host_rate	real
32	dst_host_count	integer
33	dst_host_srv_count	integer
34	dst_host_same_srv_rate	real
35	dst_host_diff_srv_rate	real
36	dst_host_same_src_port_rate	real
37	dst_host_srv_diff_host_rate	real
38	dst_host_serror_rate	real
39	dst_host_srv_serror_rate	real
40	dst_host_rerror_rate	real
41	dst_host_srv_error_rate	real

Project 1-1.
KDD Cup 99 데이터 로드 및 전처리

1) 라이브러리 임포트 및 데이터셋 로드

- kddcup.data_10_percent_corrected.csv 내부 : 총 494,020개 샘플

```
0,tcp,http,SF,239,486,0,0,0,0,0,1,0,0,0,0,0,0,0,0,0,0,8,8,0.00,0.00,0.00,0.00,1.00,0.00,0.00,19,19,1.00,0.00,0.05,0.00,0.00,0.00,0.00,0.00,normal.
0,tcp,http,SF,235,1337,0,0,0,0,0,1,0,0,0,0,0,0,0,0,0,0,8,8,0.00,0.00,0.00,0.00,1.00,0.00,0.00,29,29,1.00,0.00,0.03,0.00,0.00,0.00,0.00,0.00,normal.
0,tcp,http,SF,219,1337,0,0,0,0,0,1,0,0,0,0,0,0,0,0,0,0,6,6,0.00,0.00,0.00,0.00,1.00,0.00,0.00,39,39,1.00,0.00,0.03,0.00,0.00,0.00,0.00,0.00,normal.
0,tcp,http,SF,217,2032,0,0,0,0,0,1,0,0,0,0,0,0,0,0,0,0,6,6,0.00,0.00,0.00,0.00,1.00,0.00,0.00,49,49,1.00,0.00,0.02,0.00,0.00,0.00,0.00,0.00,normal.
0,tcp,http,SF,217,2032,0,0,0,0,0,1,0,0,0,0,0,0,0,0,0,0,6,6,0.00,0.00,0.00,0.00,1.00,0.00,0.00,59,59,1.00,0.00,0.02,0.00,0.00,0.00,0.00,0.00,normal.
0,tcp,http,SF,212,1940,0,0,0,0,0,1,0,0,0,0,0,0,0,0,0,0,1,2,0.00,0.00,0.00,0.00,1.00,0.00,1.00,1,69,1.00,0.00,1.00,0.04,0.00,0.00,0.00,0.00,normal.
0,tcp,http,SF,159,4087,0,0,0,0,0,1,0,0,0,0,0,0,0,0,0,0,5,5,0.00,0.00,0.00,0.00,1.00,0.00,0.00,11,79,1.00,0.00,0.09,0.04,0.00,0.00,0.00,0.00,normal.
0,tcp,http,SF,210,151,0,0,0,0,0,1,0,0,0,0,0,0,0,0,0,0,8,8,0.00,0.00,0.00,0.00,1.00,0.00,0.00,8,89,1.00,0.00,0.12,0.04,0.00,0.00,0.00,0.00,normal.
0,tcp,http,SF,212,786,0,0,0,1,0,1,0,0,0,0,0,0,0,0,0,0,8,8,0.00,0.00,0.00,0.00,1.00,0.00,0.00,8,99,1.00,0.00,0.12,0.05,0.00,0.00,0.00,0.00,normal.
0,tcp,http,SF,210,624,0,0,0,0,0,1,0,0,0,0,0,0,0,0,0,0,18,18,0.00,0.00,0.00,0.00,1.00,0.00,0.00,18,169,1.00,0.00,0.06,0.05,0.00,0.00,0.00,0.00,normal.
0,tcp,http,SF,177,1985,0,0,0,0,0,1,0,0,0,0,0,0,0,0,0,0,1,1,0.00,0.00,0.00,0.00,1.00,0.00,0.00,29,119,1.00,0.00,0.04,0.04,0.00,0.00,0.00,0.00,normal.
0,tcp,http,SF,222,773,0,0,0,0,0,1,0,0,0,0,0,0,0,0,0,0,11,11,0.00,0.00,0.00,0.00,1.00,0.00,0.00,39,129,1.00,0.00,0.03,0.04,0.00,0.00,0.00,0.00,normal.
0,tcp,http,SF,216,1189,0,0,0,0,0,1,0,0,0,0,0,0,0,0,0,0,4,4,0.00,0.00,0.00,0.00,1.00,0.00,0.00,4,139,1.00,0.00,0.25,0.04,0.00,0.00,0.00,0.00,normal.
0,tcp,http,SF,241,259,0,0,0,0,0,1,0,0,0,0,0,0,0,0,0,0,1,1,0.00,0.00,0.00,0.00,1.00,0.00,0.00,14,149,1.00,0.00,0.07,0.04,0.00,0.00,0.00,0.00,normal.
0,tcp,http,SF,260,1837,0,0,0,0,0,1,0,0,0,0,0,0,0,0,0,0,11,11,0.00,0.00,0.00,0.00,1.00,0.00,0.00,24,159,1.00,0.00,0.04,0.04,0.00,0.00,0.00,0.00,normal.
0,tcp,http,SF,241,261,0,0,0,0,0,1,0,0,0,0,0,0,0,0,0,0,2,2,0.00,0.00,0.00,0.00,1.00,0.00,0.00,34,169,1.00,0.00,0.03,0.04,0.00,0.00,0.00,0.00,normal.
0,tcp,http,SF,257,818,0,0,0,0,0,1,0,0,0,0,0,0,0,0,0,0,12,12,0.00,0.00,0.00,0.00,1.00,0.00,0.00,44,179,1.00,0.00,0.02,0.03,0.00,0.00,0.00,0.00,normal.
0,tcp,http,SF,233,255,0,0,0,0,0,1,0,0,0,0,0,0,0,0,0,0,2,8,0.00,0.00,0.00,0.00,1.00,0.00,0.00,25,54,189,1.00,0.00,0.02,0.03,0.00,0.00,0.00,0.00,normal.
0,tcp,http,SF,233,504,0,0,0,0,0,1,0,0,0,0,0,0,0,0,0,0,7,7,0.00,0.00,0.00,0.00,1.00,0.00,0.00,64,199,1.00,0.00,0.02,0.03,0.00,0.00,0.00,0.00,normal.
0,tcp,http,SF,256,1273,0,0,0,0,0,1,0,0,0,0,0,0,0,0,0,0,17,17,0.00,0.00,0.00,0.00,1.00,0.00,0.00,74,209,1.00,0.00,0.01,0.03,0.00,0.00,0.00,0.00,normal.
0,tcp,http,SF,234,255,0,0,0,0,0,1,0,0,0,0,0,0,0,0,0,0,5,5,0.00,0.00,0.00,0.00,1.00,0.00,0.00,84,219,1.00,0.00,0.01,0.03,0.00,0.00,0.00,0.00,normal.
0,tcp,http,SF,241,259,0,0,0,0,0,1,0,0,0,0,0,0,0,0,0,0,12,12,0.00,0.00,0.00,0.00,1.00,0.00,0.00,94,229,1.00,0.00,0.01,0.03,0.00,0.00,0.00,0.00,normal.
0,tcp,http,SF,239,968,0,0,0,0,0,1,0,0,0,0,0,0,0,0,0,0,3,3,0.00,0.00,0.00,0.00,1.00,0.00,0.00,3,239,1.00,0.00,0.33,0.03,0.00,0.00,0.00,0.00,normal.
0,tcp,http,SF,245,1919,0,0,0,0,0,1,0,0,0,0,0,0,0,0,0,0,13,13,0.00,0.00,0.00,0.00,1.00,0.00,0.00,13,249,1.00,0.00,0.08,0.03,0.00,0.00,0.00,0.00,normal.
```

```python
import numpy as np
import pandas as pd
import matplotlib.pyplot as plt


from sklearn.model_selection import train_test_split
from sklearn.preprocessing import LabelEncoder, OneHotEncoder
from sklearn.metrics import confusion_matrix
from sklearn.metrics import accuracy_score, f1_score
```

```python
import warnings
warnings.filterwarnings("ignore", category=DeprecationWarning)

# 파일명 각자설정
dataset = pd.read_csv('kddcup.data_10_percent_corrected')
```

2) 데이터프레임에 열 이름 설정 : 41개의 features 및 'label'

```python
lenDataset = len(dataset.columns)

yColNames = []

dataset.columns = ['duration', 'protocol_type', 'service', 'flag', 'src_bytes', 'dst_bytes',
'land', 'wrong_fragment', 'urgent', 'hot', 'num_failed_logins', 'logged_in', 'num_compromised',
'root_shell', 'su_attempted', 'num_root', 'num_file_creations', 'num_shells', 'num_access_files',
'num_outbound_cmds', 'is_host_login', 'is_guest_login', 'count', 'srv_count', 'serror_rate',
'srv_serror_rate', 'rerror_rate', 'srv_rerror_rate', 'same_srv_rate', 'diff_srv_rate',
'srv_diff_host_rate', 'dst_host_count', 'dst_host_srv_count', 'dst_host_same_srv_rate',
'dst_host_diff_srv_rate', 'dst_host_same_src_port_rate', 'dst_host_srv_diff_host_rate',
'dst_host_serror_rate', 'dst_host_srv_serror_rate', 'dst_host_rerror_rate', 'dst_
host_srv_rerror_rate', 'label']

xColNames = list(dataset.columns[:lenDataset-1])
yColNames.append(dataset.columns[lenDataset-1])
```

3) 데이터셋 확인 :
head() 함수를 통해 처음 5줄만 확인

```
dataset.head()
```

	duration	protocol_type	service	flag	src_bytes	dst_bytes	land	wrong_fragment	urgent	hot	...
0	0	tcp	http	SF	239	486	0	0	0	0	...
1	0	tcp	http	SF	235	1337	0	0	0	0	...
2	0	tcp	http	SF	219	1337	0	0	0	0	...
3	0	tcp	http	SF	217	2032	0	0	0	0	...
4	0	tcp	http	SF	217	2032	0	0	0	0	...

5 rows × 42 columns

4) label열에 담긴 고유의 클래스 값을 확인

```
dataset['label'].unique()
```

```
array(['normal.', 'buffer_overflow.', 'loadmodule.', 'perl.', 'neptune.',
       'smurf.', 'guess_passwd.', 'pod.', 'teardrop.', 'portsweep.',
       'ipsweep.', 'land.', 'ftp_write.', 'back.', 'imap.', 'satan.',
       'phf.', 'nmap.', 'multihop.', 'warezmaster.', 'warezclient.',
       'spy.', 'rootkit.'], dtype=object)
```

5) label열에 담긴 고유의 클래스별 샘플 수 확인

```
dataset['label'].value_counts()
```

```
smurf.              280790
neptune.            107201
normal.              97277
back.                 2203
satan.                1589
ipsweep.              1247
portsweep.            1040
warezclient.          1020
teardrop.              979
pod.                   264
nmap.                  231
guess_passwd.           53
buffer_overflow.        30
land.                   21
warezmaster.            20
imap.                   12
rootkit.                10
loadmodule.              9
ftp_write.               8
multihop.                7
phf.                     4
perl.                    3
spy.                     2
Name: label, dtype: int64
```

6-1) Binary classification의 경우, 모든 데이터를 '공격(attack)' 또는 '정상(normal)'으로 구분

```
dataset['label'] = dataset['label'].replace(['back.', 'buffer_overflow.',
'ftp_write.', 'guess_passwd.', 'imap.', 'ipsweep.', 'land.', 'loadmodule.',
'multihop.', 'neptune.', 'nmap.', 'perl.', 'phf.', 'pod.', 'portsweep.', 'rootkit.',
'satan.', 'smurf.', 'spy.', 'teardrop.', 'warezclient.', 'warezmaster.'], 'attack')
```

6-2) label열에 담긴 고유의 클래스 값을 확인

```
dataset['label'].unique()
```

```
array(['normal.', 'attack'], dtype=object)
```

7) x = label 열을 제외하고 반영
y = label 열만 반영

```
x = dataset.iloc[:, :-1].values
y = dataset.iloc[:, 41].values


print(x.shape, y.shape)
```

```
(494020, 41) (494020,)
```

8) Feature 중, object 타입인 protocol_type, service, flag에 해당하는 고유 값 추출 및 오름차순 정렬 확인

```
uniq1 = dataset.protocol_type.unique()
uniq2 = dataset.service.unique()
```

```python
uniq3 = dataset.flag.unique()

uniq1.sort()
uniq2.sort()
uniq3.sort()

print(uniq1)
print(uniq2)
print(uniq3)
```

```
['icmp' 'tcp' 'udp']
['IRC' 'X11' 'Z39_50' 'auth' 'bgp' 'courier' 'csnet_ns' 'ctf' 'daytime'
 'discard' 'domain' 'domain_u' 'echo' 'eco_i' 'ecr_i' 'efs' 'exec'
 'finger' 'ftp' 'ftp_data' 'gopher' 'hostnames' 'http' 'http_443' 'imap4'
 'iso_tsap' 'klogin' 'kshell' 'ldap' 'link' 'login' 'mtp' 'name'
 'netbios_dgm' 'netbios_ns' 'netbios_ssn' 'netstat' 'nnsp' 'nntp' 'ntp_u'
 'other' 'pm_dump' 'pop_2' 'pop_3' 'printer' 'private' 'red_i'
 'remote_job' 'rje' 'shell' 'smtp' 'sql_net' 'ssh' 'sunrpc' 'supdup'
 'systat' 'telnet' 'tftp_u' 'tim_i' 'time' 'urh_i' 'urp_i' 'uucp'
 'uucp_path' 'vmnet' 'whois']
['OTH' 'REJ' 'RSTO' 'RSTOS0' 'RSTR' 'S0' 'S1' 'S2' 'S3' 'SF' 'SH']
```

9) Feature 중, protocol_type, service, flag을 one-hot 인코딩

```python
labelencoder_x_1 = LabelEncoder() # protocol_type
labelencoder_x_2 = LabelEncoder() # service
labelencoder_x_3 = LabelEncoder() # flag


x[:, 1] = labelencoder_x_1.fit_transform(x[:, 1]) # protocol_type
```

```
    x[:, 2] = labelencoder_x_2.fit_transform(x[:, 2]) # service
    x[:, 3] = labelencoder_x_3.fit_transform(x[:, 3]) # flag
    labelencoder_y = LabelEncoder() # label
    y = labelencoder_y.fit_transform(y) # label
```

10) x, y를 데이터프레임으로 변환

```
    dfX = pd.DataFrame(x, columns = ['duration', 'protocol_type', 'service', 'flag',
'src_bytes', 'dst_bytes', 'land', 'wrong_fragment', 'urgent', 'hot', 'num_failed_logins',
'logged_in', 'num_compromised', 'root_shell', 'su_attempted', 'num_root',
'num_file_creations', 'num_shells', 'num_access_files', 'num_outbound_cmds',
'is_host_login', 'is_guest_login', 'count', 'srv_count', 'serror_rate', 'srv_serror_rate',
'rerror_rate', 'srv_rerror_rate', 'same_srv_rate', 'diff_srv_rate', 'srv_diff_host_rate',
'dst_host_count', 'dst_host_srv_count', 'dst_host_same_srv_rate', 'dst_host_diff_srv_rate',
'dst_host_same_src_port_rate', 'dst_host_srv_diff_host_rate', 'dst_
host_serror_rate', 'dst_host_srv_serror_rate', 'dst_host_rerror_rate', 'dst_host_srv_
rerror_rate'])


    dfY = pd.DataFrame(y, columns = ['label'])
```

Project 1-2.
Random Forest 기반 특징 분석

1) 41개 feature 중, 영향력이 높은 feature 분석

```python
from sklearn.ensemble import RandomForestClassifier
rfc = RandomForestClassifier();

# 학습 데이터셋에 random forest classifier 적용
rfc.fit(dfX, dfY);

# 영향력이 높은 feature 추출
score = np.round(rfc.feature_importances_,3)
importances =pd.DataFrame({'feature':dfX.columns,'importance':score})
importances = mportances.sort_values('importance',ascending=False).set_
                index('feature')
```

2) 영향력이 높은 feature그래프 그리기 (실행시마다 변동가능)

```
plt.rcParams['figure.figsize'] = (11, 4)

importances.plot.bar();
```

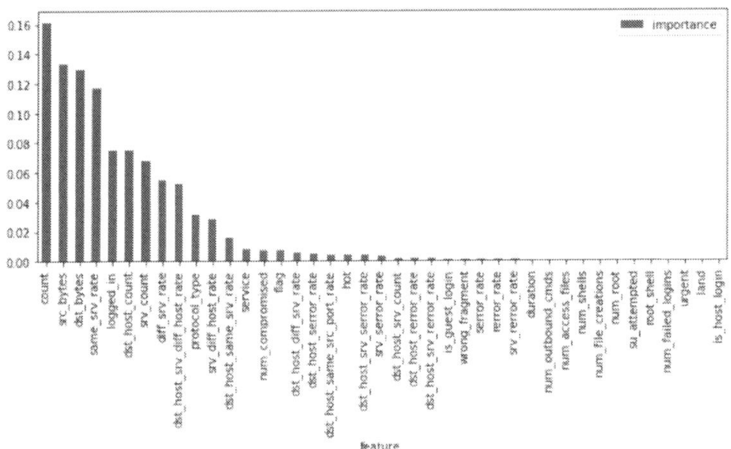

Project 1-3.
Naiive Bayes 기반 침입탐지

1) 학습 데이터셋 및 평가 데이터셋 분류 : 원하는 비율로 분류

- 70%는 학습 데이터셋, 30%는 평가 데이터셋으로 활용

```
x_train, x_test, y_train, y_test = train_test_split(dfX, dfY, test_size =
0.3, random_state = 0)
```

2) 세 가지 유형의 Naïve Bayes classifier 모델 학습

```
from sklearn.naive_bayes import *
from sklearn.model_selection import cross_val_score

# Gaussian Naïve Bayes
GNBclassifier = GaussianNB()
GNBclassifier.fit(x_train, y_train)
```

```python
# Bernoulli Naïve Bayes
BNB_Classifier = BernoulliNB()
BNB_Classifier.fit(x_train, y_train)

# Multinomial Naïve Bayes
MNB_Classifier = MultinomialNB()
MNB_Classifier.fit(x_train, y_train)
```

3) 세 가지 유형의 Naïve Bayes classifier 평가결과 출력

```python
from sklearn import metrics
from sklearn.model_selection import cross_val_score

models = []
models.append(('Gaussian Naive Baye Classifier', GNBclassifier))
models.append(('Bernoulli Naive Baye Classifier', BNB_Classifier))
models.append(('Multinomial Naive Baye Classifier', MNB_Classifier))

for i, v in models:
    # 학습한 모델에 테스트 데이터를 넣어 결과를 확인(predict)
    y_pred = v.predict(x_test)

    # 혼돈 행렬과 정확도, F1 점수로 모델 평가
    scores = cross_val_score(v, x_test, y_test, cv=10)
    accuracy = metrics.accuracy_score(y_test, v.predict(x_test))
    confusion_matrix = metrics.confusion_matrix(y_test, v.predict(x_test))
    classification = metrics.classification_report(y_test, v.predict(x_test))

    # 결과 출력
```

```python
print('= {} Model Evaluation ='.format(i))
print("Cross Validation Mean Score:" "\n", scores.mean())
print("Model Accuracy:" "\n", accuracy)
print("Confusion matrix:" "\n", confusion_matrix)
print("Classification report:" "\n", classification)
```

```
= Gaussian Naive Baye Classifier Model Evaluation =
Cross Validation Mean Score:
 0.9820182704620999
Model Accuracy:
 0.9209546172219748
Confusion matrix:
 [[107348  11487]
 [   228  29143]]
Classification report:
               precision    recall  f1-score   support

           0       1.00      0.90      0.95    118835
           1       0.72      0.99      0.83     29371

    accuracy                           0.92    148206
   macro avg       0.86      0.95      0.89    148206
weighted avg       0.94      0.92      0.93    148206
```

• Gaussian Naïve Bayes 평가결과

```
= Bernoulli Naive Baye Classifier Model Evaluation =
Cross Validation Mean Score:
 0.9812288482238374
Model Accuracy:
 0.9812355775069835
Confusion matrix:
 [[117564   1271]
 [  1510  27861]]
Classification report:
              precision    recall  f1-score   support

           0       0.99      0.99      0.99    118835
           1       0.96      0.95      0.95     29371

    accuracy                           0.98    148206
   macro avg       0.97      0.97      0.97    148206
weighted avg       0.98      0.98      0.98    148206
```

• Bernoulli Naïve Bayes 평가결과

```
= Multinomial Naive Baye Classifier Model Evaluation =
Cross Validation Mean Score:
 0.9183568782893392
Model Accuracy:
 0.9560476633874472
Confusion matrix:
 [[118592    243]
 [  6271  23100]]
Classification report:
              precision    recall  f1-score   support

           0       0.95      1.00      0.97    118835
           1       0.99      0.79      0.88     29371

    accuracy                           0.96    148206
   macro avg       0.97      0.89      0.92    148206
weighted avg       0.96      0.96      0.95    148206
```

• Multinomial Naïve Bayes 평가결과

Project 1-4.
K-Nearest Neighbors 기반 침입탐지

1) 모델 설계 및 학습

```python
from sklearn.neighbors import KNeighborsClassifier

KNN_Classifier = KNeighborsClassifier(n_jobs=-1)
KNN_Classifier.fit(x_train, y_train);
```

2) 모델 평가

```python
from sklearn import metrics
from sklearn.model_selection import cross_val_score

models = []
models.append(('KNeighborsClassifier', KNN_Classifier))

for i, v in models:
    # 학습한 모델에 테스트 데이터를 넣어 결과를 확인(predict)
    y_pred = v.predict(x_test)
    # 혼돈 행렬과 정확도, F1 점수로 모델 평가
```

```python
        scores = cross_val_score(v, x_test, y_test, cv=10)
        accuracy = metrics.accuracy_score(y_test, v.predict(x_test))
        confusion_matrix =
metrics.confusion_matrix(y_test,v.predict(x_test))
        classification = metrics.classification_report(y_test,
v.predict(x_test))


        print('= {} Model Evaluation ='.format(i))
        print ("Cross Validation Mean Score:" "\n", scores.mean())
        print ("Model Accuracy:" "\n", accuracy)
        print("Confusion matrix:" "\n", confusion_matrix)
        print("Classification report:" "\n", classification)
```

```
= KNeighborsClassifier Model Evaluation =
Cross Validation Mean Score:
 0.9990958506089791
Model Accuracy:
 0.9993320108497632
Confusion matrix:
 [[118778      57]
 [    42  29329]]
Classification report:
               precision    recall  f1-score   support

           0       1.00      1.00      1.00    118835
           1       1.00      1.00      1.00     29371

    accuracy                           1.00    148206
   macro avg       1.00      1.00      1.00    148206
weighted avg       1.00      1.00      1.00    148206
```

Project 1-5.
Logistic Regression 기반 침입탐지

1) 모델 설계 및 학습

```python
from sklearn.linear_model import LogisticRegression

LGR_Classifier = LogisticRegression(n_jobs=-1, random_state=0)
LGR_Classifier.fit(x_train, y_train);
```

2) 모델 평가

```python
from sklearn import metrics
from sklearn.model_selection import cross_val_score

models = []
models.append(('LogisticRegression', LGR_Classifier))

for i, v in models:
    # 학습한 모델에 테스트 데이터를 넣어 결과를 확인(predict)
    y_pred = v.predict(x_test)
    # 혼돈 행렬과 정확도, F1 점수로 모델 평가
```

```
        scores = cross_val_score(v, x_test, y_test, cv=10)

        accuracy = metrics.accuracy_score(y_test, v.predict(x_test))

        confusion_matrix = metrics.confusion_matrix(y_test, v.predict(x_test))

        classification = metrics.classification_report(y_test, v.predict(x_test))


        print('= {} Model Evaluation ='.format(i))

        print ("Cross Validation Mean Score:" "\n", scores.mean())

        print ("Model Accuracy:" "\n", accuracy)

        print("Confusion matrix:" "\n", confusion_matrix)

        print("Classification report:" "\n", classification)
```

```
= LogisticRegression Model Evaluation =
Cross Validation Mean Score:
 0.9848252793594721
Model Accuracy:
 0.9753181382670068
Confusion matrix:
[[117552   1283]
 [  2375  26996]]
Classification report:
              precision    recall  f1-score   support

           0       0.98      0.99      0.98    118835
           1       0.95      0.92      0.94     29371

    accuracy                           0.98    148206
   macro avg       0.97      0.95      0.96    148206
weighted avg       0.98      0.98      0.98    148206
```

Project 1-6.
Decision Tree 기반 침입탐지

1) 모델 설계 및 학습

```
from sklearn import tree

DTC_Classifier =
tree.DecisionTreeClassifier(criterion='entropy',
random_state=0)
DTC_Classifier.fit(x_train, y_train)
```


2) 모델 평가

```
from sklearn import metrics
from sklearn.model_selection import cross_val_score

models = []
models.append(('Decision Tree Classifier', DTC_Classifier))

for i, v in models:
    # 학습한 모델에 테스트 데이터를 넣어 결과를
```

확인(predict)

```python
y_pred = v.predict(x_test)
# 혼돈 행렬과 정확도, F1 점수로 모델 평가
scores = cross_val_score(v, x_test, y_test, cv=10)
accuracy = metrics.accuracy_score(y_test,
                v.predict(x_test))
confusion_matrix =
metrics.confusion_matrix(y_test,v.predict(x_test))
classification = metrics.classification_report(y_test,
                v.predict(x_test))


print('= {} Model Evaluation ='.format(i))
print ("Cross Validation Mean Score:" "\n",
        scores.mean())
print ("Model Accuracy:" "\n", accuracy)
print("Confusion matrix:" "\n", confusion_matrix)
print("Classification report:" "\n", classification)
```

```
= Decision Tree Classifier Model Evaluation =
Cross Validation Mean Score:
 0.9995884127278826
Model Accuracy:
 0.9997705895847672
Confusion matrix:
 [[118814     21]
 [    13  29358]]
Classification report:
              precision    recall  f1-score   support

           0       1.00      1.00      1.00    118835
           1       1.00      1.00      1.00     29371

    accuracy                           1.00    148206
   macro avg       1.00      1.00      1.00    148206
weighted avg       1.00      1.00      1.00    148206
```

Project 1-7.
RNN 기반 침입탐지

※ 데이터 로드 및 전처리
- Project 1-1의 1~6번과 동일

1) 학습 데이터셋 및 평가 데이터셋 분류

- 원하는 비율로 분류
- 70%는 학습 데이터셋, 30%는 평가 데이터셋으로 활용

```python
from sklearn.model_selection import train_test_split

train, test = train_test_split(dataset, test_size = 0.3, random_
            state = 1)
```

2) 학습 및 평가 데이터셋의 고유한 클래스 확인

```python
print(train['label'].value_counts())
print(test['label'].value_counts())
```

```
attack      277621
normal.      68193
Name: label, dtype: int64
attack      119122
normal.      29084
Name: label, dtype: int64
```

3) 수치 데이터 값의 리스케일(rescale)

- 각 feature마다 값의 범위가 다양하므로 일정한 기준에 맞추어 수치를 조정하는 작업이 필요함
- 여기서는 가장 기본적인 MinMaxScaler를 사용함

```python
from sklearn.preprocessing import MinMaxScaler

# 최소값 : 0, 최대값을 1로 정의한 경우
scaler = MinMaxScaler(feature_range=(0, 1))

# float 또는 int 데이터 선택
cols = train.select_dtypes(include=['float64','int64']).columns

# 리스케일 수행
sc_train = scaler.fit_transform(train.select_dtypes(include=['float64','int64']))
```

```python
sc_test = scaler.fit_transform(test.select_dtypes(include=['float64','int64']))
# 리스케일된 학습 및 평가 데이터를 데이터프레임으로 저장
sc_traindf = pd.DataFrame(sc_train, columns = cols)
sc_testdf = pd.DataFrame(sc_test, columns = cols)
```

4) object 데이터의 인코딩

```python
from sklearn.preprocessing import LabelEncoder
encoder = LabelEncoder()


#object 유형의 데이터 복사
cattrain = train.select_dtypes(include=['object']).copy()
cattest = test.select_dtypes(include=['object']).copy()


# 학습 데이터셋의 인코딩 매핑 데이터 확인 (오름차순으로 매핑)
encoder.fit(cattrain['label'])
encoder_name_mapping = dict(zip(encoder.classes_,
                                encoder.transform(encoder.classes_)))


# 평가 데이터셋의 인코딩 매핑 데이터 확인 (오름차순으로 매핑)
encoder.fit(cattest['label'])
encoder_name_mapping = dict(zip(encoder.classes_,
                                encoder.transform(encoder.classes_)))


# 인코딩 수행
traincat = cattrain.apply(encoder.fit_transform)
testcat = cattest.apply(encoder.fit_transform)


# 학습 데이터셋에서 label열 분리 및 저장
```

```python
enctrain = traincat.drop(['label'], axis=1)
cat_Ytrain = traincat[['label']].copy()


# 평가 데이터셋에서 label열 분리 및 저장
enctest = testcat.drop(['label'], axis=1)
cat_Ytest = testcat[['label']].copy()
```

5) enctest 5줄 확인

```python
enctest.head()
```

	protocol_type	service	flag
175542	0	14	8
399593	0	14	8
378282	1	45	4
338019	0	14	8
174680	0	14	8

6) cat_Ytest 5줄 확인

```python
cat_Ytest.head()
```

	label
175542	0
399593	0
378282	0
338019	0
174680	0

7) enctrain 및 cat_Ytrain 인덱스값을 정리

```
enctrain.index = range(len(enctrain))
cat_Ytrain.index = range(len(cat_Ytrain))


enctest.index = range(len(enctest))
cat_Ytest.index = range(len(cat_Ytest))
```

8) enctest 5줄 확인

```
enctest.head()
```

	protocol_type	service	flag
0	0	14	8
1	0	14	8
2	1	45	4
3	0	14	8
4	0	14	8

9) object 및 수치 데이터를 병합하여 학습 데이터셋 생성

```
trainX = pd.concat([sc_traindf,enctrain],axis=1)
trainY = cat_Ytrain
```

10) trainX 5줄 확인

```
trainX.head()
```

	duration	src_bytes	dst_bytes	land	wrong_fragment	urgent	hot	num_failed_logins	logged_in	num_compromised	...
0	0.0	0.000001	0.0	0.0	0.0	0.0	0.0	0.0	0.0	0.0	...
1	0.0	0.000001	0.0	0.0	0.0	0.0	0.0	0.0	0.0	0.0	...
2	0.0	0.000001	0.0	0.0	0.0	0.0	0.0	0.0	0.0	0.0	...
3	0.0	0.000001	0.0	0.0	0.0	0.0	0.0	0.0	0.0	0.0	...
4	0.0	0.000001	0.0	0.0	0.0	0.0	0.0	0.0	0.0	0.0	...

5 rows × 41 columns

11) 이진분류일 때의 RNN 모델 설계

```python
from keras.layers import SimpleRNN, Embedding, Dense, LSTM
from keras.models import Sequential
from keras.preprocessing.sequence import pad_sequences


cntClass = 2 # attack or normal
model = Sequential()


# 임베딩 벡터의 차원 설정
dim = 5
model.add(Embedding(len(trainX), dim))
model.add(SimpleRNN(dim))
model.add(Dense(1, activation='sigmoid'))


model.compile(optimizer='rmsprop', loss='binary_crossentropy', metrics=['acc'])
```

12) RNN 모델 학습

- epoch, batch_size 설정
- validation_split 설정 : 학습 중, 평가데이터로 사용할 데이터 비율
  (여기서는 평가데이터를 사용하지 않음)

```python
history = model.fit(trainX, trainY, epochs=10, batch_size=100, validation_split=0)
```

```
Epoch 1/10
345814/345814 [==============================] - 66s 190us/step - loss: 0.0598 - acc: 0.9848
Epoch 2/10
345814/345814 [==============================] - 65s 189us/step - loss: 0.0295 - acc: 0.9925
Epoch 3/10
345814/345814 [==============================] - 66s 190us/step - loss: 0.0284 - acc: 0.9926
Epoch 4/10
345814/345814 [==============================] - 66s 191us/step - loss: 0.0274 - acc: 0.9930
Epoch 5/10
345814/345814 [==============================] - 66s 190us/step - loss: 0.0259 - acc: 0.9929
Epoch 6/10
345814/345814 [==============================] - 66s 189us/step - loss: 0.0243 - acc: 0.9930
Epoch 7/10
345814/345814 [==============================] - 66s 191us/step - loss: 0.0234 - acc: 0.9931
Epoch 8/10
345814/345814 [==============================] - 67s 193us/step - loss: 0.0232 - acc: 0.9931
Epoch 9/10
345814/345814 [==============================] - 66s 192us/step - loss: 0.0233 - acc: 0.9931
Epoch 10/10
345814/345814 [==============================] - 67s 193us/step - loss: 0.0239 - acc: 0.9931
```

13) 학습과정 손실(loss) 그래프 분석

```python
epochs = range(1, len(history.history['acc']) + 1)

plt.plot(epochs, history.history['loss'])
plt.plot(epochs, history.history['val_loss'])
plt.title('train_loss vs val_loss')
plt.ylabel('loss')
plt.xlabel('number of Epochs')

plt.legend(['train', 'val'], loc='upper left')
plt.show()
```

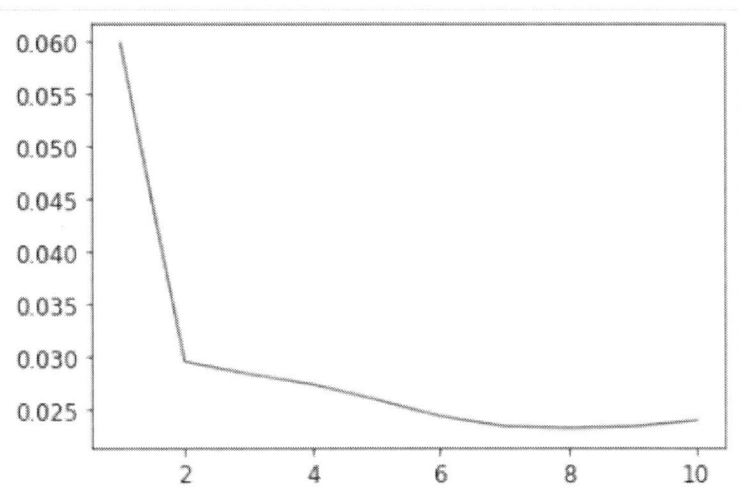

※ validation_split 값을 0이상으로 한 경우에는 val_loss도
그래프로 표현 가능

14) 학습과정 정확도(accuracy) 그래프 분석

```python
epochs = range(1, len(history.history['acc']) + 1)


plt.plot(epochs, history.history['accuracy'])
plt.plot(epochs, history.history['val_accuracy'])


plt.title('train_acc vs val_acc')
plt.ylabel('accuracy')
plt.xlabel('epoch')
plt.legend(['train', 'val'], loc='lower right')
plt.show()
```

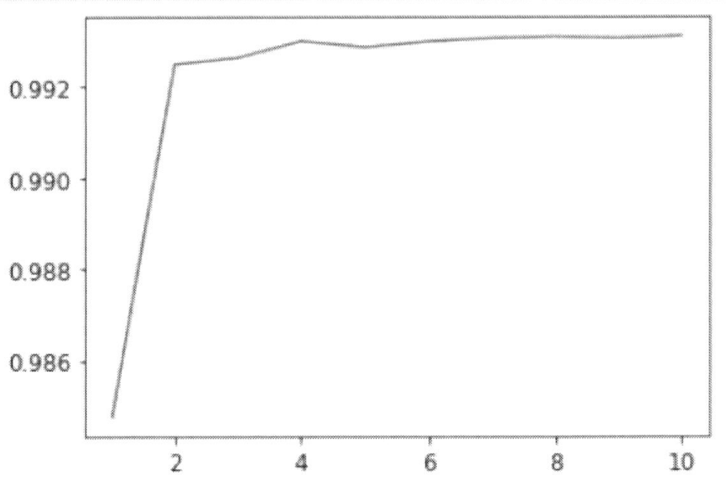

※ validation_split 값을 0이상으로 한 경우에는 val_accuracy도
그래프로 표현 가능

15) RNN 모델 혼돈 행렬(confusion matrix) 분석

```
p = model.predict_proba(testX)

target_names = list(map(str,encoder.transform(encoder.classes_)))

print(classification_report(np.argmax(testY, axis=1), y_pred, target_names = target_names))
print(confusion_matrix(np.argmax(testY, axis=1), y_pred))
```

```
[[118766      356]
 [ 12382  16702]]
```

16) RNN 모델 분류 리포트

```python
from sklearn.metrics import classification_report, confusion_matrix


Y_pred = model.predict(testX)
y_pred = np.argmax(Y_pred, axis=1)


y_pred = model.predict_classes(testX)
```

```
              precision    recall  f1-score   support

           0       0.91      1.00      0.95    119122
           1       0.98      0.57      0.72     29084

    accuracy                           0.91    148206
   macro avg       0.94      0.79      0.84    148206
weighted avg       0.92      0.91      0.90    148206
```

Project 1-8.
LSTM 기반 침입탐지

- 데이터 로드 및 전처리
  - Project 1-7의 1~11까지 동일

1) 이진분류일 때의 LSTM 모델 설계

```python
model = Sequential()


cntClass = 2
dim = 16

model.add(Embedding(len(trainX), dim))
model.add(LSTM(dim))
model.add(Dense(1, activation='sigmoid'))


model.compile(optimizer='rmsprop', loss='binary_crossentropy', metrics=['acc'])
```

2) LSTM 모델 학습

- epoch, batch_size 설정

- validation_split 설정 : 학습 중 평가데이터로 사용할 데이터 비율 (여기서는 평가데이터를 사용하지 않음)

```
history = model.fit(X_train, y_train, epochs=10, batch_size=100, validation_split=0.0)
```

```
Epoch 1/10
345814/345814 [==============================] - 196s 566us/step - loss: 0.0578 - acc: 0.9811
Epoch 2/10
345814/345814 [==============================] - 194s 562us/step - loss: 0.0311 - acc: 0.9907
Epoch 3/10
345814/345814 [==============================] - 192s 556us/step - loss: 0.0289 - acc: 0.9908
Epoch 4/10
345814/345814 [==============================] - 192s 556us/step - loss: 0.0242 - acc: 0.9923
Epoch 5/10
345814/345814 [==============================] - 190s 550us/step - loss: 0.0224 - acc: 0.9931
Epoch 6/10
345814/345814 [==============================] - 191s 552us/step - loss: 0.0220 - acc: 0.9932
Epoch 7/10
345814/345814 [==============================] - 192s 554us/step - loss: 0.0213 - acc: 0.9935
Epoch 8/10
345814/345814 [==============================] - 192s 555us/step - loss: 0.0211 - acc: 0.9938
Epoch 9/10
345814/345814 [==============================] - 192s 554us/step - loss: 0.0207 - acc: 0.9938
Epoch 10/10
345814/345814 [==============================] - 193s 557us/step - loss: 0.0205 - acc: 0.9938
```

3) 학습과정 손실(loss) 그래프 분석

```
epochs = range(1, len(history.history['acc']) + 1)

plt.plot(epochs, history.history['loss'])

plt.plot(epochs, history.history['val_loss'])

plt.title('train_loss vs val_loss')

plt.ylabel('loss')

plt.xlabel('number of Epochs')

plt.legend(['train', 'val'], loc='upper left')

plt.show()
```

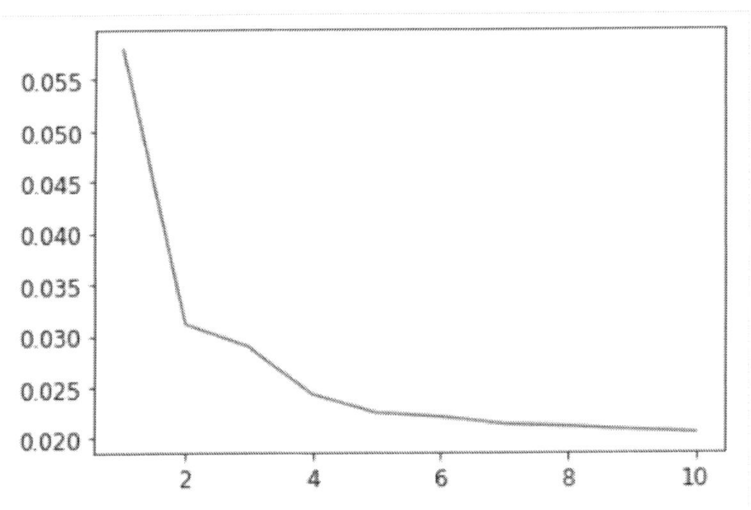

※ validation_split 값을 0이상으로 한 경우에는 val_loss도
그래프로 표현 가능

4) 학습과정 정확도(accuracy) 그래프 분석

```
epochs = range(1, len(history.history['acc']) + 1)
plt.plot(epochs, history.history['accuracy'])
plt.plot(epochs, history.history['val_accuracy'])
plt.title('train_acc vs val_acc')
plt.ylabel('accuracy')
plt.xlabel('epoch')
plt.legend(['train', 'val'], loc='lower right')
plt.show()
```

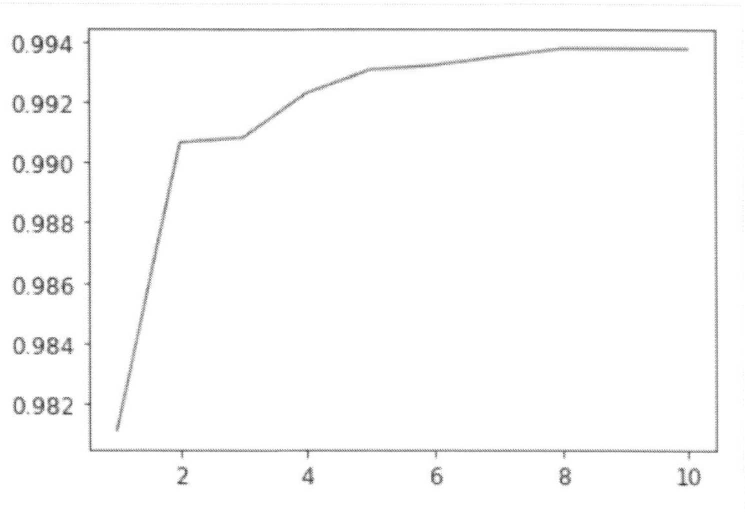

※ validation_split 값을 0이상으로 한 경우에는 val_accuracy도
그래프로 표현 가능

5) LSTM 모델 혼돈 행렬(confusion matrix) 분석

```
p = model.predict_proba(testX)

target_names = list(map(str,encoder.transform(encoder.classes_)))

print(classification_report(np.argmax(testY, axis=1), y_pred, target_names =
target_names))
print(confusion_matrix(np.argmax(testY, axis=1), y_pred))
```

$$
\begin{bmatrix} [118353 & 769] \\ [5503 & 23581]] \end{bmatrix}
$$

6) LSTM 모델 분류 리포트

```
from sklearn.metrics import classification_report, confusion_matrix


Y_pred = model.predict(testX)

y_pred = np.argmax(Y_pred, axis=1)


y_pred = model.predict_classes(testX)
```

```
               precision    recall   f1-score    support

           0        0.96      0.99       0.97     119122
           1        0.97      0.81       0.88      29084

    accuracy                             0.96     148206
   macro avg        0.96      0.90       0.93     148206
weighted avg        0.96      0.96       0.96     148206
```

2부

CSE-CIC-IDS 2018 데이터셋 활용 침입탐지

1) CSE-CIC-IDS 2018 데이터 셋이란?

- 최신 공격 유형을 반영한 침입 데이터셋
- 10일 동안 서로 다른 유형의 공격을 주입하여 수집한 네트워크 트래픽 데이터

2) 다운로드 링크

- https://www.unb.ca/cic/datasets/ids-2018.html

3) 주입된 공격 유형

- DoS, DDoS(distributed DoS), BruteForce 등

날짜	공격 유형	공격 샘플 수
	Benign	446,772
Day 1	DoS attacks-Hulk	461,912
	DoS attacks-SlowHTTPTest	139,890
	Benign	663,808
Day 2	FTP-BruteForce	193,354
	SSH-Bruteforce	187,589
	Benign	988,050
Day 3	DoS attacks-GoldenEye	41,508

날짜	공격 유형	공격 샘플 수
	DoS attacks-Slowloris	10,990
Day 4	Benign	7,313,104
	DDoS attacks-LOIC-HTTP	576,191
Day 5	Benign	360,833
	DDOS attack-HOIC	686,012
	DDOS attack-LOIC-UDP	1,730
Day 6	Benign	1,042,603
	Brute Force -Web	249
	Brute Force -XSS	79
	SQL Injection	34
Day 7	Benign	1,042,301
	Brute Force -Web	362
	Brute Force -XSS	151
	SQL Injection	53
Day 8	Benign	538,666
	Infilteration	68,236
Day 9	Benign	235,778
	Infilteration	92,403
Day 10	Benign	758,334

4) 약 80개 특징(features)

Name	Description
fl_dur	Flow duration
tot_fw_pk	Total packets in the forward direction
tot_bw_pk	Total packets in the backward direction
tot_l_fw_pkt	Total size of packet in forward direction
fw_pkt_l_max	Maximum size of packet in forward direction
fw_pkt_l_min	Minimum size of packet in forward direction
fw_pkt_l_avg	Average size of packet in forward direction
fw_pkt_l_std	Standard deviation size of packet in forward direction
Bw_pkt_l_max	Maximum size of packet in backward direction
Bw_pkt_l_min	Minimum size of packet in backward direction
Bw_pkt_l_avg	Mean size of packet in backward direction
Bw_pkt_l_std	Standard deviation size of packet in backward direction
fl_byt_s	flow byte rate that is number of packets transferred per second

Name	Description
fl_pkt_s	flow packets rate that is number of packets transferred per second
fl_iat_avg	Average time between two flows
fl_iat_std	Standard deviation time two flows
fl_iat_max	Maximum time between two flows
fl_iat_min	Minimum time between two flows
fw_iat_tot	Total time between two packets sent in the forward direction
fw_iat_avg	Mean time between two packets sent in the forward direction
fw_iat_std	Standard deviation time between two packets sent in the forward direction
fw_iat_max	Maximum time between two packets sent in the forward direction
fw_iat_min	Minimum time between two packets sent in the forward direction
bw_iat_tot	Total time between two packets sent in the backward direction
bw_iat_avg	Mean time between two packets sent in the backward direction
bw_iat_std	Standard deviation time between two packets sent in the backward direction
bw_iat_max	Maximum time between two packets sent in the backward direction
bw_iat_min	Minimum time between two packets sent in the backward direction
fw_psh_flag	Number of times the PSH flag was set in packets travelling in the forward direction(0 for UDP)
bw_psh_flag	Number of times the PSH flag was set in packets travelling in the backward direction(0 for UDP)
fw_urg_flag	Number of times the URG flag was set in packets travelling in the forward direction(0 for UDP)
bw_urg_flag	Number of times the URG flag was set in packets travelling in the backward direction(0 for UDP)
fw_hdr_len	Total bytes used for headers in the forward direction
bw_hdr_len	Total bytes used for headers in the forward direction
fw_pkt_s	Number of forward packets per second
bw_pkt_s	Number of backward packets per second
pkt_len_min	Minimum length of a flow
pkt_len_max	Maximum length of a flow
pkt_len_avg	Mean length of a flow
pkt_len_std	Standard deviation length of a flow
pkt_len_va	Minimum inter-arrival time of packet
fin_cnt	Number of packets with FIN
syn_cnt	Number of packets with SYN
rst_cnt	Number of packets with RST
pst_cnt	Number of packets with PUSH
ack_cnt	Number of packets with ACK
urg_cnt	Number of packets with URG
cwe_cnt	Number of packets with CWE
ece_cnt	Number of packets with ECE
down_up_ratio	Download and upload ratio

Name	Description
pkt_size_avg	Average size of packet
fw_seg_avg	Average size observed in the forward direction
bw_seg_avg	Average size observed in the backward direction
fw_byt_blk_avg	Average number of bytes bulk rate in the forward direction
fw_pkt_blk_avg	Average number of packets bulk rate in the forward direction
fw_blk_rate_avg	Average number of bulk rate in the forward direction
bw_byt_blk_avg	Average number of bytes bulk rate in the backward direction
bw_pkt_blk_avg	Average number of packets bulk rate in the backward direction
bw_blk_rate_avg	Average number of bulk rate in the backward direction
subfl_fw_pk	The average number of packets in a sub flow in the forward direction
subfl_fw_byt	The average number of bytes in a sub flow in the forward direction
subfl_bw_pkt	The average number of packets in a sub flow in the backward direction
subfl_bw_byt	The average number of bytes in a sub flow in the backward direction
fw_win_byt	Number of bytes sent in initial window in the forward direction
bw_win_byt	# of bytes sent in initial window in the backward direction
Fw_act_pkt	# of packets with at least 1 byte of TCP data payload in the forward direction
fw_seg_min	Minimum segment size observed in the forward direction
atv_avg	Mean time a flow was active before becoming idle
atv_std	Standard deviation time a flow was active before becoming idle
atv_max	Maximum time a flow was active before becoming idle
atv_min	Minimum time a flow was active before becoming idle
idl_avg	Mean time a flow was idle before becoming active

Project 2-1.
CSE-CIC-IDS 2018 데이터 로드 및 전처리

1) 라이브러리 임포트 및 데이터셋 로드

```python
# import relevant modules
%matplotlib inline
import matplotlib
import matplotlib.pyplot as plt
import pandas as pd
import numpy as np
import seaborn as sns
import sklearn

from sklearn.neighbors import LocalOutlierFactor
import warnings
warnings.filterwarnings('ignore')


plt.rcParams['axes.labelsize'] = 14
plt.rcParams['xtick.labelsize'] = 12
plt.rcParams['ytick.labelsize'] = 12
#파일명 각자 설정
dataset = pd.read_csv('../datasets/F0206.csv')
dataset.head()
```

	Dst Port	Protocol	Flow Duration	Tot Fwd Pkts	Tot Bwd Pkts	TotLen Fwd Pkts	TotLen Bwd Pkts	Fwd Pkt Len Max	Fwd Pkt Len Min	Fwd Pkt Len Mean	...
0	0	0	112640768	3	0	0	0	0	0	0	...
1	0	0	112641773	3	0	0	0	0	0	0	...
2	35605	6	20784143	23	44	2416	1344	240	64	105.043	...
3	0	0	112640836	3	0	0	0	0	0	0	...
4	23	6	20	1	1	0	0	0	0	0	...

2) 사용하지 않는 Timestamp 열 삭제 및 null값 처리

```
dataset = dataset.drop(['Timestamp'], axis=1)
dataset = dataset.dropna()


nans = lambda df: df[df.isnull().any(axis=1)]
len(nans(dataset))
```

3) 데이터 열 별, Infinity 및 쓰레기 값 처리

```
to_drop = ['Infinity']
dataset = dataset[~dataset['Flow Byts/s'].isin(to_drop)]


to_drop = ['Infinity']
dataset = dataset[~dataset['Flow Pkts/s'].isin(to_drop)]
to_drop = ['Dst Port']
dataset = dataset[~dataset['Dst Port'].isin(to_drop)]
```

4) Label열에 담긴 고유의 클래스 값을 확인

```
dataset['Label'].unique()
```

```
array(['Benign', 'DoS attacks-SlowHTTPTest', 'DoS attacks-Hulk'],
      dtype=object)
```

5) label열에 담긴 고유의 클래스별 개수 확인

```
print(dataset['Label'].value_counts())
```

```
DoS attacks-Hulk                461912
Benign                          446772
DoS attacks-SlowHTTPTest        139890
Name: Label, dtype: int64
```

6) Feature별 데이터 유형 확인

```
dataset.info()
```

```
<class 'pandas.core.frame.DataFrame'>
Int64Index: 1048575 entries, 0 to 1048574
Data columns (total 79 columns):
Dst Port            1048575 non-null object
Protocol            1048575 non-null object
Flow Duration       1048575 non-null object
Tot Fwd Pkts        1048575 non-null object
Tot Bwd Pkts        1048575 non-null object
TotLen Fwd Pkts     1048575 non-null object
TotLen Bwd Pkts     1048575 non-null object
Fwd Pkt Len Max     1048575 non-null object
Fwd Pkt Len Min     1048575 non-null object
Fwd Pkt Len Mean    1048575 non-null object
Fwd Pkt Len Std     1048575 non-null object
Bwd Pkt Len Max     1048575 non-null object
Bwd Pkt Len Min     1048575 non-null object
Bwd Pkt Len Mean    1048575 non-null object
Bwd Pkt Len Std     1048575 non-null object
Flow Byts/s         1048575 non-null object
Flow Pkts/s         1048575 non-null object
Flow IAT Mean       1048575 non-null object
Flow IAT Std        1048575 non-null object
Flow IAT Max        1048575 non-null object
Flow IAT Min        1048575 non-null object
Fwd IAT Tot         1048575 non-null object
Fwd IAT Mean        1048575 non-null object
Fwd IAT Std         1048575 non-null object
Fwd IAT Max         1048575 non-null object
Fwd IAT Min         1048575 non-null object
Bwd IAT Tot         1048575 non-null object
Bwd IAT Mean        1048575 non-null object
Bwd IAT Std         1048575 non-null object
Bwd IAT Max         1048575 non-null object
Bwd IAT Min         1048575 non-null object
Fwd PSH Flags       1048575 non-null object
Bwd PSH Flags       1048575 non-null object
Fwd URG Flags       1048575 non-null object
```

7) Label을 제외한 feature만 선택

```
index = dataset.drop(['Label'], axis=1)
```

8) Object인 데이터들의 수치변환

```
index = index.apply(lambda col:pd.to_numeric(col, errors='coerce'))
```

9) Label에 해당하는 feature만 선택

```
label = dataset[['Label']]
```

10) 최종 데이터셋 생성

```
frames = [index, label]
dataset2 = pd.concat(frames, axis=1)
```

11) 학습 데이터셋 및 평가 데이터셋 분류 : 원하는 비율로 분류

- 70%는 학습 데이터셋, 30%는 평가 데이터셋으로 활용

```
from sklearn.model_selection import train_test_split


train, test = train_test_split(dataset2, test_size = 0.3, random_state = 1)
```

12) 학습 및 평가 데이터셋의 고유한 클래스 확인

```
print(train['Label'].unique())
print(test['Label'].unique())
```

```
['DoS attacks-Hulk' 'Benign' 'DoS attacks-SlowHTTPTest']
['DoS attacks-SlowHTTPTest' 'DoS attacks-Hulk' 'Benign']
```

13) 학습 및 평가 데이터셋의 고유한 클래스별 샘플 수 확인

```
print(train['Label'].value_counts())
print(test['Label'].value_counts())
```

```
DoS attacks-Hulk                  323049
Benign                            312929
DoS attacks-SlowHTTPTest           98023
Name: Label, dtype: int64
DoS attacks-Hulk                  138863
Benign                            133843
DoS attacks-SlowHTTPTest           41867
Name: Label, dtype: int64
```

14) 수치 데이터 값의 리스케일(re-scale)

- 각 feature마다 값의 범위가 다양하므로 일정한 기준에 맞추어 수치를 조정하는 작업이 필요함
- 여기서는 가장 기본적인 MinMaxScaler를 사용함

```python
from sklearn.preprocessing import MinMaxScaler


# 최소값 : 0, 최대값을 255로 정의한 경우
scaler = MinMaxScaler(feature_range=(0, 255))


# float 또는 int 데이터 선택
cols = train.select_dtypes(include=['float64','int64']).columns


# 리스케일 수행
sc_train = scaler.fit_transform(train.select_dtypes(include=['float64','int64']))
```

```python
sc_test = scaler.fit_transform(test.select_dtypes(include=['float64','int64']))


# 리스케일된 학습 및 평가 데이터를 데이터프레임으로 저장
sc_traindf = pd.DataFrame(sc_train, columns = cols)
sc_testdf = pd.DataFrame(sc_test, columns = cols)
```

15) object 데이터의 인코딩

```python
from sklearn.preprocessing import LabelEncoder
encoder = LabelEncoder()


#object 유형의 데이터 복사
cattrain = train.select_dtypes(include=['object']).copy()
cattest = test.select_dtypes(include=['object']).copy()
# 학습 데이터셋의 인코딩 매핑 데이터 확인 (오름차순으로 매핑)
encoder.fit(cattrain['Label'])
encoder_name_mapping = dict(zip(encoder.classes_, encoder.transform
                        (encoder.classes_)))


# 평가 데이터셋의 인코딩 매핑 데이터 확인 (오름차순으로 매핑)
encoder.fit(cattest['label'])
encoder_name_mapping = dict(zip(encoder.classes_, encoder.transform
                        (encoder.classes_)))
print(encoder_name_mapping)


# 인코딩 수행
traincat = cattrain.apply(encoder.fit_transform)
testcat = cattest.apply(encoder.fit_transform)
```

```python
# 학습 데이터셋에서 label열 분리 및 저장
enctrain = traincat.drop(['label'], axis=1)
cat_Ytrain = traincat[['label']].copy()


# 평가 데이터셋에서 label열 분리 및 저장
enctest = testcat.drop(['label'], axis=1)
cat_Ytest = testcat[['label']].copy()
```

```
{'Benign': 0, 'DoS attacks-Hulk': 1, 'DoS attacks-SlowHTTPTest': 2}
```

16) enctrain, enctest, cat_Ytrain, cat_Ytest 인덱스 값을 정리

```python
enctrain.index = range(len(enctrain))
cat_Ytrain.index = range(len(cat_Ytrain))

enctest.index = range(len(enctest))
cat_Ytest.index = range(len(cat_Ytest))
```

17) object 및 수치 데이터를 병합하여 학습 데이터셋 생성

```python
trainX = pd.concat([sc_traindf,enctrain],axis=1)
trainY = cat_Ytrain
```

18) object 및 수치 데이터를 병합하여 평가 데이터셋 생성

```
testX = pd.concat([sc_testdf,enctest],axis=1)

testY = cat_Ytest
```

Project 2-2.
침입 데이터의 이미지 변환

- Project 2-1에 이어서 코드 작성

1) 공격 유형과 매핑된
번호 확인(결과 분석 시 필요)

```
numDir = len(encoder.classes_)

dirNames = list(range(numDir))

print(encoder.classes_)

print(dirNames)
```

```
['Benign' 'DoS attacks-Hulk' 'DoS attacks-SlowHTTPTest']
[0, 1, 2]
```

2) 이미지를 저장 디렉토리 생성
(학습 및 평가 이미지)

```
import os

import shutil
```

```python
imageType = ["train", "test"]

for i in imageType:
    for d in dirNames: dir = "imagesF0206/{}/{}/".format(i, d)

        if not os.path.exists(os.path.dirname(dir)):
        try: os.makedirs(os.path.dirname(dir))

        except OSError as exc: if exc.errno != errno.EEXIST: raise
        else: shutil.rmtree(os.path.dirname(dir), ignore_errors=True)
        os.makedirs(os.path.dirname(dir))
```

3) 이미지 저장 함수 save_image 생성

```python
cntDir = [0] * numDir

def save_image(img, labelDir, imagetype) :
    labelIndex = dirNames.index(labelDir)
    saveImage = "imagesF0206/{}/{}/{}.PNG".format(imagetype,
                labelIndex,cntDir[labelIndex])

    img.save(saveImage)

    cntDir[labelIndex] = cntDir[labelIndex] + 1
```

4) 수치 데이터의 RGB 변환 함수 num2RGB 생성

```python
def num2RGB(x):
```

```python
    r = math.floor(x / (256*256))
    g = math.floor(x / 256) % 256
    b = x % 256
    return [r,g,b]
```

5) 학습 이미지 생성

- 이미지 크기 : 13 x 6 (78개 feature를 위한 크기)
- 채널 : RGB (3개 채널)

```python
import math
from PIL import Image

for i, row in trainX.iterrows():
    # 현재 데이터에 해당하는 레이블
    labelDir = int(trainY[i:i+1]['Label'])
    data=[]

    for value in row.values:
        data.append(num2RGB(value))

    list1=np.array(data, np.int32)

    # 이미지 및 채널 크기에 맞춰 reshape
    reshaped_data = np.reshape(list1,(13,6,3))
    img = Image.fromarray(reshaped_data, 'RGB')

    imgType = "train"
```

```
save_image(img, labelDir, imgType)
```

6) 평가 이미지 생성

- 이미지 크기 : 13 x 6 (78개 feature를 위한 크기)
- 채널 : RGB (3개 채널)

```python
import math
from PIL import Image

for i, row in testX.iterrows():
    # 현재 데이터에 해당하는 레이블
    labelDir = int(testY[i:i+1]['Label'])
    data=[]

    for value in row.values:
        data.append(num2RGB(value))

    list1=np.array(data, np.int32)

    # 이미지 및 채널 크기에 맞춰 reshape
    reshaped_data = np.reshape(list1,(13,6,3))
    img = Image.fromarray(reshaped_data, 'RGB')

    imgType = "test"
    save_image(img, labelDir, imgType)
```

Project 2-3.
CNN 기반 침입탐지

1) 라이브러리 임포트

```python
import tensorflow as tf
import matplotlib
matplotlib.use("Agg")

# import the necessary packages
from keras.preprocessing.image import img_to_array
from sklearn.model_selection import train_test_split
from keras.utils import to_categorical
from imutils import paths
import matplotlib.pyplot as plt
import numpy as np
import argparse
import random
import cv2
import os
```

2) 학습 이미지셋 디렉토리 지정

```python
image_path = "imagesF0206/train"

imagePaths = sorted(list(paths.list_images(image_path)))

train_folder_list = list(os.listdir(image_path))
train_folder_list
```

3) 학습 이미지셋 로드

```python
data = []
labels = []

# 이미지 크기 지정
imageX = 16
imageY = 16

for imagePath in imagePaths:
    #이미지 로드
    image = cv2.imread(imagePath)
    image = cv2.resize(image, (imageX, imageY))
    image = img_to_array(image)
    data.append(image)

    # 이미지 경로로부터 이미지 레이블을 추출하여 저장
    label = imagePath.split(os.path.sep)[-2]
    label==train_folder_list.index(label)
```

```
        labels.append(label)
```

4) 데이터의 배열 변환

```
data = np.array(data, dtype="float")
labels = np.array(labels)
```

5) 학습 중, validation 비율 설정

- 아래에서는 20%의 validation 비율 설정

```
(trainX, testX, trainY, testY) = train_test_split(data,labels, test_size=0.2,
                                        random_state=42)
```

6) Label 값의 벡터 변환

```
# convert the labels from integers to vectors
trainY = to_categorical(trainY, num_classes=len(train_folder_list))
testY = to_categorical(testY, num_classes=len(train_folder_list))
```

7) CNN 모델 생성

- 여기서는 2개의 합성곱 계층을 생성 (계층별 맥스풀링 수행)
- 커널(필터)크기 설정 : 3 x 3
- 드롭아웃율 : 합성곱 계층(0.7, 0.7), 완전 연결계층(0.5)

```python
# imageX, imageY는 위에서 설정한대로 대입
X = tf.placeholder(tf.float32, [None, imageX, imageY, 3])


# 디렉토리 개수대로 (클래스 별로)
Y = tf.placeholder(tf.float32, [None, len(train_folder_list)])
is_training = tf.placeholder(tf.bool)


filterX = 3 #커널 크기
filterY = 3 #커널 크기


L1 = tf.layers.conv2d(X, 16, [filterX, filterY], activation=tf.nn.relu)
L1 = tf.layers.max_pooling2d(L1, [2, 2], [2, 2])
L1 = tf.layers.dropout(L1, 0.7, is_training)


L2 = tf.layers.conv2d(L1, 32, [filterX, filterY], activation=tf.nn.relu)
L2 = tf.layers.max_pooling2d(L2, [2, 2], [2, 2])
L2 = tf.layers.dropout(L2, 0.7, is_training)


L3 = tf.contrib.layers.flatten(L2)
L3 = tf.layers.dense(L3, 64, activation=tf.nn.relu)
L3 = tf.layers.dropout(L3, 0.5, is_training)


model = tf.layers.dense(L3, len(train_folder_list), activation = None)
```

8) 손실함수 설정

```
cost = tf.reduce_mean(tf.nn.softmax_cross_entropy_with_logits_v2(logits= model,
labels=Y))
optimizer = tf.train.AdamOptimizer(0.001).minimize(cost)
```

9) 학습 횟수 및 배치사이즈 설정

```
batch_size = 100
total_batch = int(len(trainX)/batch_size)
total_epoch = 10

def next_batch(round, data, labels):
    start = round * batch_size
    end = (round+1) * batch_size

    batchData = data[start:end]
    batchLabels = labels[start:end]

    return np.asarray(batchData), np.asarray(batchLabels)
```

10) CNN 모델 학습 및 학습 중 정확도 분석

```
sess = tf.Session()
init = tf.global_variables_initializer()
sess.run(init)
```

```python
    for epoch in range(total_epoch):
        total_cost = 0

        for round in range(total_batch):
            batchTrainX, batchTrainY = next_batch(round, trainX, trainY)

            _, cost_val = sess.run([optimizer, cost],
                feed_dict={X: batchTrainX, Y: batchTrainY, is_training: True})

            total_cost += cost_val

        print('Epoch:', '%04d' % (epoch + 1), 'Avg. cost =', '{:.4f}'.format(total_cost / total_batch))

    print('Done Optimization')

    # 학습 중 정확도(accuracy) 분석
    is_correct = tf.equal(tf.argmax(model, 1), tf.argmax(Y, 1))
    accuracy = tf.reduce_mean(tf.cast(is_correct, tf.float32))
    print('accuracy:', sess.run(accuracy, feed_dict={X: testX, Y: testY, is_training: False}))
```

```
Epoch: 0001 Avg. cost = 0.0202
Epoch: 0002 Avg. cost = 0.0029
Epoch: 0003 Avg. cost = 0.0027
Epoch: 0004 Avg. cost = 0.0026
Epoch: 0005 Avg. cost = 0.0023
Epoch: 0006 Avg. cost = 0.0015
Epoch: 0007 Avg. cost = 0.0006
Epoch: 0008 Avg. cost = 0.0003
Epoch: 0009 Avg. cost = 0.0003
Epoch: 0010 Avg. cost = 0.0003
Done Optimization
accuracy: 0.9999523
```

11) 평가 이미지셋 디렉토리 지정

```
image_path = "imagesF0206/train"
imagePaths = sorted(list(paths.list_images(image_path)))
```

12) 평가 이미지셋 로드

```
data = []
labels = []
for imagePath in imagePaths:
    # 이미지 로드
    image = cv2.imread(imagePath)
    image = cv2.resize(image, (imageX, imageY))
    image = img_to_array(image)
    data.append(image)


    # 이미지 경로로부터 이미지 레이블을 추출하여 저장
    label = imagePath.split(os.path.sep)[-2]
    label==train_folder_list.index(label)


    labels.append(label)
```

13) 이미지 데이터의 배열 변환

```
data = np.array(data, dtype="float")
labels = np.array(labels)
```

14) Label 값의 벡터 변환

```python
# convert the labels from integers to vectors
testY = to_categorical(testY, num_classes=len(train_folder_list))
```

15) CNN 모델 기반 이미지 예측 및 평가

```python
is_correct = tf.equal(tf.argmax(model, 1), tf.argmax(Y, 1))
accuracy = tf.reduce_mean(tf.cast(is_correct, tf.float32))


predicted = sess.run(tf.argmax(model, 1), feed_dict={X: testX, Y: testY,
is_training: False})is_correct = sess.run(is_correct, feed_dict={X: testX, Y:
testY, is_training: False})
print('accuracy:', sess.run(accuracy, feed_dict={X: testX, Y: testY, is_training:
False}))
print('is_correct:', is_correct)
print('Predicted:', predicted)
```

```
accuracy: 0.99989194
is_correct: [ True  True  True ...  True  True  True]
Predicted: [0 0 0 ... 2 2 2]
```

16) CNN 모델 혼돈 행렬(confusion matrix) 분석

```python
from sklearn.metrics import confusion_matrix


print(confusion_matrix(np.argmax(testY, axis=1), predicted))
```

```
[[133809       30        4]
 [      0 138863        0]
 [      0        0  41867]]
```

17) CNN 모델 분류 리포트

```
from  sklearn.metrics  import  classification_report

print(classification_report(np.argmax(testY,  axis=1),  predicted))
```

```
              precision    recall  f1-score   support

           0       1.00      1.00      1.00    133843
           1       1.00      1.00      1.00    138863
           2       1.00      1.00      1.00     41867

    accuracy                           1.00    314573
   macro avg       1.00      1.00      1.00    314573
weighted avg       1.00      1.00      1.00    314573
```

김지연

서울여자대학교 정보보호공학과 공학사(2007)
서울여자대학교 컴퓨터과학과 이학박사(2013)
Carnegie Mellon University 전기컴퓨터공학과,
Postdoctoral Research Associate (2014~2017)
서울여자대학교 소프트웨어교육혁신센터 전담교수(현재)

정보보호 머신러닝을 위한 PBL

초판인쇄   2019년 11월 30일
초판발행   2019년 11월 30일

지은이   김지연
펴낸이   채종준
펴낸곳   한국학술정보㈜
주소   경기도 파주시 회동길 230(문발동)
전화   031) 908-3181(대표)
팩스   031) 908-3189
홈페이지   http://ebook.kstudy.com
전자우편   출판사업부   publish@kstudy.com
등록   제일산-115호(2000. 6. 19)

ISBN   978-89-268-9751-5 93560